宇航员

怎么办

如何便便

让孩子着迷的 50 个爆笑宇宙话题

U0226466

日本儿童杂学俱乐部
编

〔日〕加藤纪子
绘

肖潇 译

河南科学技术出版社
·郑州·

小朋友，你对宇宙感兴趣吗？

虽然现在我们还不能随心所欲地去宇宙中旅行，但是，只要想到神秘的宇宙，就会有种按捺不住的兴奋，是不是呀？

什么？你说自己根本没空去思考关于宇宙的问题？

嗯……

我们每天要忙着学习，忙着完成作业，还要挤出时间和朋友一起玩……所以根本没时间去思考宇宙是怎样的，对吧？

其实呀，越是每天忙得不可开交的人，可能反而越希望能暂时闲下来，静静地仰望星空，憧憬一下神秘的宇宙呢！

偶尔放空自己，畅想一下遥远而神秘的宇宙，疲劳和烦恼也会随着你的思绪悄悄飘走呢！

有的小朋友说：不知道该思考些什么？

别担心！

在这本书里，宇宙会展现出它俏皮多变的模样——时而让人捧腹不已，时而令人叹为观止，时而创造各种奇迹……

这本书一定会帮你打开通往宇宙的神奇之门。

现在，就让我们向着魅力无限的宇宙，开始我们的探索之旅吧！

目录

宇航员 怎么办 如何便便

让孩子着迷的50个爆笑宇宙话题

第 2 章 来吧，宇宙！
宇宙神奇事件簿！

第 3 章 糟糕了，太阳系！

认识一下地球周围有趣的小伙伴们

第 4 章　宇宙实在太有趣了

无穷宇宙，魅力无穷！

第 **1** 章

了不起的宇宙

关于宇宙的趣味知识！

突然增加了1亿岁

宇宙年龄大揭秘

如果有人告诉你宇宙是有年龄的，你会不会觉得这件事听起来有些怪怪的？会不会忍不住去想："以前的宇宙难道不是我们现在的这个宇宙吗？""宇宙的年龄根本就没办法调查清楚嘛！"实际上，在2013年，科学家们的研究就已经有了确切的结果——宇宙诞生于距今约138亿年前。在此之前，人们一直认为宇宙的年龄是137亿岁，但是，综合各种研究得出的最终结论，给宇宙又增加了1亿岁。

那么，宇宙的年龄是怎样研究出来的呢？1929年，一位名叫爱德文·哈勃的美国天文学家有了一个重大的发现——"宇宙一直在膨胀（不断变大）"，并且由此推测出，只要能够测量出宇宙已经膨胀到了多大，就能据此推测出其所需的时间。在你每天上学的时候，还有此时此刻，宇宙都还在不停地膨胀！

地球已经约46亿岁啦！

虽然宇宙有大约138亿岁这件事我们才刚刚知道不久，但是地球有大约46亿岁，我们很早就已经知道了。这是通过测量地球上的矿物成分的年代推算出来的。

令人激动的问题

宇宙是怎么诞生的?

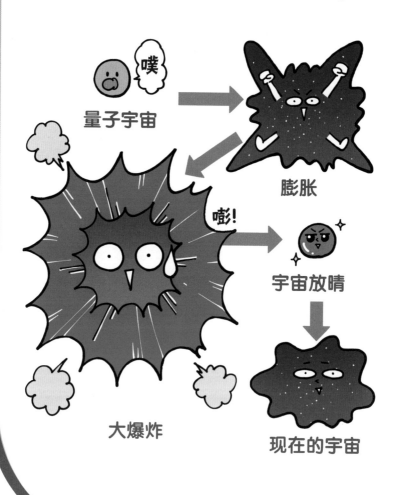

现在我们知道了，宇宙的年龄大约是138亿岁。那么，接下来你一定很好奇宇宙是如何诞生的。虽然世界上有许许多多的科学家一直在努力，想要把这件事研究清楚，但直到目前为止，还没有一个准确的答案。大家都有着同样的疑问——"宇宙诞生前，究竟发生了什么呢？"

关于这个问题，存在着几种不同的学说。其中一种学说认为，宇宙诞生前，有一颗类似宇宙种子一样的物质存在，人们把它叫作"量子宇宙"。虽然宇宙的种子里"什么都没有"，但是能量却奇迹般地不断聚集到这里，并且在某一天突然开始疾速膨胀，最终发生了爆炸。

人们将这次爆炸称为"宇宙大爆炸"，将大爆炸发生后温度的下降称为"宇宙放晴"，而此时的宇宙则被称为"婴儿宇宙"。婴儿宇宙逐渐成长，就变成了今天的宇宙。

目标！"诺贝尔物理学奖"

诺贝尔奖是遵照发明了硅藻土炸药的阿尔弗雷德·诺贝尔的遗言而设立的奖项，每年颁发给为人类做出杰出贡献，或做出杰出研究、发明以及实验的人士。如果谁能把"宇宙的诞生"这个问题研究清楚，他一定可以获得诺贝尔奖。

超难"宇宙测试"

学识渊博的专家也只得了5分

目前观测到的
物质5％

暗黑能量
（尚不明确）

约68％

暗黑物质
（尚不明确）

约27％

绝大部分还
是未知的哟！

嘿嘿嘿

你最擅长的科目是哪一门？是数理化？还是体育？你相信吗？如果有一门课叫作"宇宙的秘密"，这门课现在要考试的话，谁都得不了100分。就算是最博学的科学家，也只能得5分，全世界任何一位科学家都不例外。这是因为，关于宇宙，我们目前了解到的只有区区5%。

欧洲空间局（ESA）在2013年宣称"宇宙中尚有95%的未知物质"，其中包括约27%不会发出光和电波的"暗黑物质"，以及约68%的神秘能量"暗黑能量"。目前，全世界的科学家正在努力试图揭开这些物质和能量的神秘面纱。

《星球大战》所描绘的世界居然是真的?!

在电影《星球大战》当中，出现了一种名为"原力"的神秘力量，电影台词中也提到过"宇宙中充斥着原力"。或许这里提到的原力就是"暗黑能量"的真面目呢。

车程仅需1小时

宇宙离我们其实很近很近

宇宙一直在以惊人的速度向外扩散，人们常常说"宇宙是无边无际的"。所以，目前人们还不知道"宇宙的尽头"究竟在哪里。人们目前所能了解到的，只是宇宙当中距离我们最近的一部分。距离地面100千米的地方就是宇宙了。也就是说，最近的宇宙距离我们的直线距离只有短短的100千米，也就相当于普通的家用汽车在高速公路上开1小时行驶的距离。这样看来，宇宙离我们其实很近很近呢！

飞机需要借助空气的力量飞行，越是高空，空气就越稀薄，因此，飞机只能在距离地面大约10千米的高度飞行。想要飞上太空，飞行器的时速必须达到40 320千米以上。只有达到这样的速度，才能挣脱地球引力的束缚。按照目前中国京沪高铁2021年运行时速350千米计算，也就是说，需要达到中国京沪高铁速度的约115倍才行。

"谁是大赢家？"速度王争夺战！

火箭时速约为40 320千米，超声速无人机"猎鹰HTV-2"时速超过20 000千米，喷气式战斗机"米格31"时速约为3 000千米，中国京沪高铁时速约为350千米，猎豹时速约为120千米，尤赛恩·博尔特（牙买加短跑名将奥运会男子100米世界纪录保持者）时速约为38千米。

幸好生在地球上!

超严酷的宇宙环境

宇宙中是没有空气的。空气是由氧气、二氧化碳、氮气等共同构成的气体。人们需要吸入氧气来维持生命的正常运转，所以，如果毫无准备地来到没有空气的宇宙中，就只有死路一条。还有更残酷的事情——我们通常将覆盖着地球表面的空气称为"大气"，大气具有阻挡宇宙射线的作用，从而保护人们的身体健康；在没有大气保护的宇宙中，人们受到宇宙射线的照射，很快就会生病。

此外，宇宙的温度忽高忽低。平日里太阳光虽然也会照射到地面上，但是有大气起着类似保温瓶的作用，能够让地球上的气温保持相对稳定，不会太冷也不会太热。但是在宇宙中，由于没有空气，人造卫星的表面被阳光照射后温度会高达120 ℃，到了没有阳光照射的时候，温度则会降至−150 ℃。所以，宇航员都需要穿上航天服才能去太空。

不穿航天服，会在宇宙中冻成木乃伊？！

以前有一种说法，如果不穿航天服就去宇宙中的话，身体会变得四分五裂，其实这种说法是错误的。虽然关于真相众说纷纭，但是据说在没有任何保护的情况下暴露在宇宙中，20秒左右人就会窒息而死，之后身体会慢慢被冻住，变得像木乃伊一样。

虽然轻轻地飘来飘去……
但宇宙中并非零重力

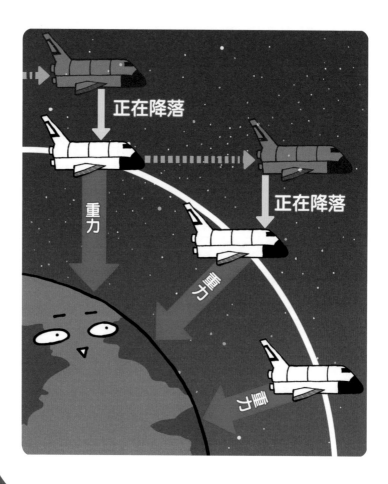

们认为，在宇宙当中，人的身体和其他物体都会轻轻地飘来飘去。

所谓重力，就是由于地球的吸引而使物体受到的力。在地球上，在重力的作用下，无论是很重的铁球，还是很轻的乒乓球，都会受到重力的牵引而向下落。在宇宙中也是一样。物体一定会受到来自某颗星球的重力的影响。所以，说宇宙中是零重力的，这种说法其实是不正确的。

那么，宇航员们为什么会在空中飘来飘去呢？这就好像我们往水桶里装满水之后，把水桶抡起来，水不会溢出来是一样的。和高速运转的水桶一样，绕着地球高速飞行的宇宙空间站也不会落到地上。当地球的重力和宇宙空间站前进的力量平衡的时候，宇宙空间站里面就会是零重力状态了。

人造卫星为什么不会掉下来？

人造卫星受到地球引力的牵引，之所以不会掉下来，是因为它一直在以极快的速度前进。就好像我们用很大的力气投球，球会向前飞出，而不是马上落在地上一样。

变身模特身材？！

在宇宙中能长高！

要是我也能去太空的话，就会……

又高又瘦！

我可不去……

在几乎零重力（严格来讲，是只有微乎其微的一点点重力）的宇宙中生活，我们的身体会发生哪些变化呢？

在宇宙中，不再受到重力的挤压，我们的个子会长高一点点，据说有人甚至长高了7厘米，是不是很厉害？

但是也别高兴得太早！在地球上，重力的作用会让全身的血液向足部聚集（向下），但是到了宇宙中的零重力环境下，血液会向头部聚集，脸也会因此变得肿肿的。

此外，到了宇宙中，我们的肌肉力量会比在地球上的时候小一些。身体不再需要用双腿站立来支撑，而是会在空中飘来飘去。据说，在宇宙中生活6个月，肌肉的力量就会减弱20%，骨骼的力量也会变弱。所以，宇航员们需要每天坚持锻炼，以保持肌肉的正常状态。

在宇宙中观察青鳉鱼

在零重力的环境下，青鳉鱼会在鱼缸里不停打转；但是它适应零重力环境的能力很强，所以依然能像在地球上一样游得悠然自得。据说，在宇宙中孵化出来的小青鳉鱼返回地球之后也很健康呢！

你所看到的太阳
其实是8分钟以前的太阳!

猎户座星云
（约1 500年前）

北极星
（约433年前）

仙女座星系
（约250万年前）

天狼星
（约8.65年前）

土星
（约79分钟前）

月球
（约1.3秒前）

太阳
（约8.19分钟前）

因为宇宙非常辽阔，所以我们在描述宇宙中的距离时，使用的单位是"光年"。光年的定义是：光在真空中 1 年时间内所经过的距离。突然提到这样一个概念，你可能会觉得有些摸不着头脑。那我们再来具体算一算：光的速度约为每秒 30 万千米，相当于每秒钟可以绕地球 7 周半。这样算下来，光 1 小时走过的距离约为 10 亿 8 000 万千米，1 年大约 9.46 万亿千米（=1 光年）。这个数字是不是大到惊人！

冬夜里发出青白色光芒的大犬座天狼星，是除太阳以外，在地球上能看到的最明亮的恒星。它和地球之间的距离约为 8.65 光年。也就是说，一束光从天狼星出发，经过约 8.65 年后才会抵达地球。也就是说，我们现在看到的天狼星的光，其实是约 8.65 年前发出的。我们看到的满天星光，其实都已经是很久以前的星光了。

太阳和地球之间的直线距离约 1 亿 4 960 万千米，太阳发出的光需要约 8.19 分钟后才能抵达地球。也就是说，就算哪天太阳忽然消失了，我们也要在约 8.19 分钟后才会发现。

昴星团望远镜发现了距离地球131亿光年的星系团

位于夏威夷的日本昴星团望远镜观测到距离地球131亿光年的原始星系团，这是目前已知的最远的原始星系团，也是宇宙大爆炸发生仅7亿年之后的宇宙。

一闪一闪亮晶晶……

宇宙中到底有多少颗星星?

我们平常形容某件东西数量很多的时候，经常说"多得像天上的星星一样"。那么，天上究竟有多少颗星星呢？遗憾的是，我们目前还没办法把宇宙中所有的星星一颗一颗全部数一遍，只能估算出一个大概的数量。

据说太阳系所在的银河系中，有超过1 000亿颗的恒星。科学家们认为，在银河系以外，还存在1 000亿个以上的河外星系。也就是说，计算的结果是：宇宙中至少存在1 000亿×1 000亿，也就是100万亿那么多的恒星。再加上行星、彗星、小行星……数量就更多了。这样想来，忍不住让人怀疑：世界上真的会有什么东西多到"像天上的星星一样"吗？

你能看到几等星？

星星按照亮度被分为1等星、2等星、3等星……肉眼能看到的星星是6等星。1~6等的星星加起来约8 600颗；受光污染和其他因素的影响，能同时看到其中的100颗，就已经很不错了。

第 ② 章

来吧，宇宙！

宇宙神奇事件簿！

昼夜更替只需45分钟
地球上空有个足球场在飞

为了让宇航员能够在宇宙空间中长期工作和生活，人们建造了宇宙空间站。目前由 16 个国家共同建造、合作使用的宇宙空间站叫作"国际空间站"，简称"ISS"。它可是一个了不起的空间实验室。

国际空间站的大小约为 108.5 米 ×72.8 米，跟一个足球场的大小差不多，想象一下，就好像有一个足球场一直在我们头顶上空 350 千米的地方飞呢！它的飞行速度为每秒 7.7 千米（也就是时速 27 720 千米），约每 90 分钟绕地球飞行一圈。

这也就意味着，国际空间站里面的一天只有 90 分钟，每隔 45 分钟昼夜更替一次。那是不是意味着生活在国际空间站里面的宇航员睁开眼睛说"早上好"之后，仅仅过了 45 分钟，就要说"晚安"准备睡觉了呢？

其实并不是，国际空间站使用的也是地球上的标准时间，所以宇航员和我们一样，也是按照每天 24 小时来安排工作和生活的。在 24 小时的时间里，国际空间站要绕地球飞行 16 圈，真的很厉害！

在你居住的地方也能看到国际空间站

我们在地球上可以用肉眼看到国际空间站。在相关宇宙航空研究机构的官方网站上能够查询到可以观测到国际空间站的时间和方位。观测条件好的时候，我们能够看到超级明亮的国际空间站呢！

33

面对最在意的人也不怕！

在宇宙中放屁都是静音的！

想象一下，生活在宇宙空间站里的你，刚刚美美地饱餐了一顿土豆和芋头，肚子却突然咕噜噜发出了想要放屁的信号。于是，你悄悄走出宇宙空间站，来到了宇宙中。这时如果放屁会怎么样呢？平时那些"咘""噗噜噗噜""噗"之类的放屁声统统消失了！这是因为声音要靠空气作为媒介才能进行传播，宇宙中没有空气，自然也就听不到任何声音啦！所以，电影和动画片里常常出现宇宙飞船爆炸时发出"砰"的一声巨响的画面，其实是骗人的。在宇宙中，即便面对自己最在意的人，也可以毫无顾忌地放屁。

但是呢，在零重力的宇宙环境下，放屁时排出的气体会把你的身体推向相反的方向，而且，你将会保持匀速一直飞下去，根本停不下来……恐怕就再也见不到自己最爱的人了哟……所以，在宇宙中放屁，还请三思而后行！

在宇宙飞船中放屁会臭到要命?!

由于宇宙飞船中处于零重力状态，所以屁会凝结成块，然后轻飘飘地到处飞。如果不小心飞到脸上，那可太恶心了！据说，在宇宙飞船里，屁的臭味是在地球上的10倍呢！

飘来飘去，噗噜噗噜……不敢想象

宇航员如何便便？

宇 航员们要在宇宙空间站里生活很长时间，所以难免要面临排便的问题。一边飘来飘去一边拉便便肯定不行。在零重力的环境下大便，可不是件容易的事。第一道难关就是，在失重条件下，大便躲在身体里，很难被拉出来。所以，据说宇航员都或多或少有些便秘。

· ·

好不容易有了便意，想要完成排便也不容易。首先需要把身体固定在专门的马桶上，然后对准排便器开始排便。排便器可以将排泄物吸入容器中，自动密封。日常训练中，宇航员们要专门学习如何在宇宙环境中排便，因为如果不够熟练的话，恐怕就会出现便便满天飞的惨剧了！

"太空排便挑战赛"！不脱航天服就能排便！

2016年，美国航天局（NASA）公布了一个名叫"太空排便挑战赛"的项目，公开征集能够让航天员在不脱掉航天服的前提下完成排便的方案。这可不是句玩笑话，而是正儿八经的迫切需求哟。

便便直接扔掉！

尿液……不会是喝掉了吧?!

宇宙空间站里的空间有限，所以那些好不容易拉出来的便便不能一直留在那里。这可怎么办呢？解决方法就是……把便便朝着地球的方向扔出去！不过，不用担心在地球上便便会从天而降。给宇宙空间站运送补给物资的飞船会卸下物资，再满载垃圾和便便重新进入大气层。但是，飞船在大气层中就会燃烧殆尽，所以便便也会随之消失，不会再掉到地面上了。

至于尿液……最先进的过滤装置会把它变成纯净的水，实现再利用。净化后的水甚至可以用来喝。宇宙空间站的资源有限，必须物尽其用，所以，尿液也是很珍贵的东西哟。

努力让便便变废为宝

想要在宇宙空间站里长期生活，需要带去的东西非常多，如果便便经过处理就能转化为其中的某一种，那就可以少带一种东西，减轻行李的质量啦。因此，许多研究机构都在研究怎么能让便便变废为宝。

睡相难看也没关系

睡得像蚕宝宝一样安稳！

你 知道吗？在宇宙空间站里，是没有淋浴系统和浴缸的。

这是因为，在零重力的环境当中，水会变成一个个的小水球，在空中飘来飘去，根本没办法洗淋浴或者泡澡。

所以，宇航员们会用一种不需要水的洗发水来洗头发，用沾湿的毛巾擦拭清洁身体。此外，他们还会穿上利用高科技制作的、不会产生异味的衣服。利用这种技术做出来的衣服能够迅速排干衣服上的汗水，具有防臭功能，目前也被用来制造运动服装。或许你们的家里就有这样的衣服呢。

睡觉也是个大问题。在宇宙中，身体会轻飘飘地浮在半空，所以，宇航员们都是钻进睡袋里睡觉的，就像我们平常去露营的时候一样。只不过宇航员们还需要用带子把身体固定住，然后浮在空中边飘边睡，像蚕宝宝一样。

刷牙后要把漱口水咽下去

平常我们刷牙的时候，漱口之后会把水吐出来，但是在宇宙空间站里可不能这样做。这是为了防止吐出来的小水球飘到机器里引发故障。在宇宙中，刷牙后的漱口水需要"咕咚"一口咽下去！

安全用水很重要！
一杯水也能引发溺水事件！

在宇宙空间站里，宇航员不仅可以喝茶，还可以喝咖啡、喝果汁呢。这些饮料都是往水中加入粉末调制而成。制作饮料的时候，如果不小心让水洒出来会怎么样呢？

第 41 页提到过，在零重力状态下，洒出来的水会变成小水球，在空中飘来飘去。如果这些小水球钻到宇宙空间站的各种设备中，恐怕会引起大麻烦，所以一旦出现跑出来的小水球，必须马上把它们抓回去收集起来。

那么，这些小水球如果撞到人的身体上，又会发生什么事呢？人类的皮肤很容易被水打湿，因此水会留在皮肤表面，逐渐扩散到全身。一旦进入口鼻，就有可能导致窒息，万一水进入肺里扩散，甚至会发生溺水事件。

在宇宙空间站里用水一定要非常小心！一不留神，原本该放松的"咖啡时间"也有可能引发灾难性的事故哟！

在宇宙中哭脸看起来很可笑

在宇宙中，心里再难过，想要流出眼泪也不容易。因为眼泪也属于液体，所以在宇宙中没办法流下来，而是会变成一个巨大的水球，在眼睛下方滚来滚去。所以，在宇宙中哭脸看起来会很可笑哟！

世界上最高的旅馆！

住在宇宙空间站里

如果，我们普通人也能像科幻电影里面演的那样，随心所欲地去宇宙中旅行，那该多好啊！现在，有民间企业宣称，已经从技术角度上可以实现太空旅行，能够提供这种服务。但是，目前所谓的太空旅行，还基本都是时长 3~4 分钟的零重力体验，体验价格也非常高。即便是如此昂贵的体验，据说也还是有人报名参加。看来，太空旅行的吸引力还真是不小！

对于想要进一步与宇宙亲密接触的人，还有一个好消息传来。美国航天局最近宣称，"在不远的将来，可以利用国际空间站作为太空旅行的旅馆了"。这样一来，人们所能体验的，就不再只是短短几分钟的太空旅行，而是住在国际空间站里的真正的长途旅行！这个高科技的"旅馆"，目前公布的每人每天食宿的价格是大约 21 万元，虽然不便宜，但还是很吸引人……不过需要提醒大家注意的是，这仅仅是住一天的食宿费用，想要抵达这个"旅馆"，往返的路费高达 3.3 亿元。真是一家所处位置和价格都超级高的"旅馆"呀！

自费太空旅行还可以大赚一笔！

曾经有一位企业家自费在国际空间站里生活了一周，据说花费了 1.26 亿元。但是因为这件事，他成了名人，他所经营的公司的股价也随之上涨，最终居然还赚了 5.7 亿元。

宇航员的小愿望
可以带着纳豆去宇宙吗？

对于宇航员来说，用餐是一件很值得期待的事情。长时间生活在宇宙空间站里，难免会感到身心疲惫。美味的食物在帮助宇航员维持身体健康的同时，还能帮助他们放松心情，作用不可小觑。过去的太空食品都是装在软管里面的，并不好吃。现在随着科技的不断进步，太空食品的种类也变得丰富起来。据说，目前国际空间站里面可以提供300种以上的食物，基本不会让宇航员们吃腻的。

其中也包含了许多日本研发的食品，有咖喱、鲑鱼饭团、日清鸡肉、寿司……唯独纳豆没能被列入太空食品清单，这是为什么呢？原因并不在于纳豆的气味不适合在密闭空间里食用，而在于它黏糊糊的拉丝状态有可能对空间站里的仪器造成威胁。或许未来的某一天，解决了这个问题，纳豆就也可以飞上太空了哟！

在地面上也能品尝到太空食品

太空食品的特点包括能够长期保存、轻便、不用烹饪就可以轻松食用等，是作为应急食品非常理想的选择。现在太空食品在网上或专营店铺中就可以购买到。

订购要趁早！
一件航天服值多少钱?

想要在宇宙中活动，最需要的就是航天服！严格来说叫作"舱外航天服"，作用是保护宇航员在宇宙空间中不受伤害。航天服不仅能保障宇航员的安全，还能帮助他们更舒适地在舱外进行各项作业，那么……这么科技感满满的航天服，一件要多少钱呢？答案是……大约 9 500 万元！据说其中的大部分成本来自生命维持装置。虽然价格昂贵，但是功能齐全，被称作是守护宇航员生命的"小型宇宙飞船"。

目前，美国航天局仅有 4 件航天服，可能在 2024 年就会被全部用掉。制造新的航天服不仅需要耗费超过 7 600 万元的成本，而且需要很长时间。虽然美国航天局在探讨能否延长现有航天服的使用期限，但还是存在安全性方面的疑虑。目前现有的 4 件航天服都是 40 多年前制造的，算得上是世界航天界的老古董啦！

中国制造，美国制造，俄罗斯制造，该选哪个呢？

目前世界上只有中国、美国和俄罗斯能够制造航天服。三个国家研制的航天服的质量都在100千克以上。区别在于，中国新一代航天服上有一扇"天窗"，航天员可以抬头仰视，航天员的视野大幅度增加，而美国和俄罗斯制造的航天服没有这项功能。

第一个去宇宙飞行的……
竟然是苍蝇

1961 年，人类第一次飞上了太空。实现这一壮举的是苏联宇航员尤里·加加林。他是第一个在宇宙中看到地球的人。加加林说过一句很有名的话——地球是蓝色的。你听说过这句话吗？

人类乘坐火箭去太空是一件风险度很高的事情，因此，在加加林之前，人们利用动物进行了大量的火箭飞行试验。世界上最早被选中参与宇宙飞行试验的动物居然是……苍蝇！

早在 1947 年，苍蝇就第一次乘坐火箭抵达了宇宙，并且活着回到了地球上。从那以后，陆续有猴子、老鼠、猪等各种各样的动物参与了试验，其中也有不幸丧命的动物。

在人类实现成功飞上太空 60 年后，我们还是要感谢最初那只参与宇宙试飞的小小的苍蝇呢。

最顽强生物水熊虫，在宇宙中也依然强悍

体长约1毫米的水熊虫能够耐受上至150 ℃、下至−120 ℃的极限温度，在存在大量射线的环境中也能照常生存。2007年，水熊虫曾在宇宙空间中安然存活了10天之久。

这是来自宇宙的诅咒吗？

真实存在的"航天器墓地"

2018 年，完成历史使命的中国宇宙空间站"天宫一号"的大部分器件在大气层中燃烧殆尽，余下的一部分碎片落在了南太平洋中部区域。这些碎片掉落的地点，迄今为止已经有 300 余颗人造卫星的碎片掉落于此，被称为"航天器墓地"。为什么会有这么多人造卫星掉落到这里呢？难道这是来自宇宙的诅咒吗？

事实并非如此。所谓的"航天器墓地"，其实是地球上海洋当中距离陆地最远的地方，生物也并不多，所以科学家们经过精确计算，选择了让碎片掉落在这个区域。

2001 年，重达 120 吨的俄罗斯"和平号"宇宙空间站落在了这个区域；未来，重达 420 吨的国际空间站也计划落在这个区域里。虽然有人把这里叫作墓地，但是对这些完成了使命的航天器，我们还是应该发自肺腑地对它们说一句"辛苦了"。

有比"墓地"更帅气的名字！

"航天器墓地"还有一个别名，叫作"尼莫点"，这个名字取自科幻小说《海底两万里》的主人公尼莫船长。虽然听起来很帅气，但是"尼莫"在拉丁语里是"一个人都没有"的意思，这样说来，这个名字也还是透着寂寞的气息啊……

请收下地球人的心意

送给外星人的"金唱片"

自古以来，一直有很多科学家致力于探索地球以外的智慧生命体。他们有的用望远镜寻找似乎有生命迹象的星球，有的试图接收来自宇宙的电波，还有的向宇宙发出了来自地球的信号。

其中最著名的就是 1977 年搭载"旅行者 1 号"和"旅行者 2 号"升空的"金唱片"。"金唱片"里刻录了 100 余张反映地球上生物、文化、文明的图片。此外，还收录了风声、海浪声、鸟鸣声等自然界的声音，55 种语言的问候以及世界各国的音乐等。收录的内容可以通过美国航天局的官网主页进行查询和试听。主页是用英文撰写的，小朋友们阅读起来可能会有一点点吃力，可以请家长帮忙哟。有一点可以肯定的是，唱片里面收录的曲子肯定不是你们最爱听的流行歌曲。

"旅行者1号"目前仍在服役中！

"旅行者1号"飞越了太阳系，是迄今为止飞得最远、到达地点距离地球最远的人造航天器，想要接近除太阳以外的最近恒星，至少需要4万年的时间，路途相当遥远。

地球周围有超过4 000颗！

人造卫星不会相撞的原因

我们将围绕行星运转的天体叫作卫星。人类制造出来的、绕着地球运转的卫星叫作人造卫星。人造卫星能够帮助科学家们对地球和其他遥远的天体进行观测，实现通信和信号中转，还可以实现导航，为天气预报提供依据。

你猜，现在有多少颗人造卫星正绕着地球飞行？答案是……超过 4 000 颗！这么多人造卫星在天上飞来飞去，会不会像马路上的汽车一样，时常发生交通事故呢？实际上，由于每颗人造卫星的飞行高度不同，发生"撞车"的可能性很小很小。

即便如此，在 2009 年，也还是发生过一起人造卫星相撞事故。今后，人造卫星的数量还会逐年增加，所以或许真的有必要思考类似道路交通法规一样的解决方案了。

借助地球的力让人造卫星飞向太空！

地球自西向东自转。人造卫星想要顺利进入地球的轨道，需要很快的速度，因此，如果朝着地球自转的东方发射人造卫星，就可以借助地球自转的力，节约一部分燃料。

质量超过4 500吨！

地球周围的垃圾山

平时生活中，如果你把垃圾随手乱扔，一定会有人生气地对你说"好好把它扔到垃圾箱里去"对不对？实际上，在地球的周围，有许许多多的太空垃圾正绕着地球飞行。这里提到的"许许多多"究竟有多少呢？你猜猜看。

答案是：4 500 吨以上！据说，其中包括超过 2 万个直径在 10 厘米以上的太空垃圾，以及超过 1 亿个直径在 1 毫米以上的太空垃圾。这些太空垃圾来自出现故障或已经废弃的人造卫星，以及火箭和航天器爆炸、碰撞产生的碎片等。

太空垃圾以 7 千米/秒的速度绕着地球飞行。在这样的速度下，哪怕是直径 1 厘米的小东西，一旦撞击到宇宙空间站或人造卫星，也会造成巨大的损害。虽然人们在地面上布置了监控系统来监控太空垃圾的飞行状况，但是目前还无法实现 100% 掌控。由于太空垃圾的数量今后还会不断增加，因此急需找到应对之策。看来，垃圾问题无论在地面上还是宇宙中，都始终是让人头疼的问题呀。

在地球上监控飘浮在宇宙中的直径10厘米以上的太空垃圾

国际空间站也需要应对太空垃圾问题。为此，科学家在地球上建立了监控系统，监控飘浮在宇宙中的直径10厘米以上的太空垃圾；一旦有可能发生撞击，就及时改变国际空间站的运行轨道。能实现这样的监控，是一件很了不起的事情！

科幻变成现实！

超厉害的太空电梯

目前，人们想要向宇宙中运送宇航员或者其他物品，只能利用火箭。虽然火箭很好用，但是每次发射需要消耗大量的资金和燃料。而且，只有经过特殊训练的人才能搭乘火箭去太空。为了突破这些限制，科学家们正在研究、探索一种通往宇宙的新方法，这就是"太空电梯"。

通往宇宙的电梯会是什么样的呢？原理其实非常简单。就是用一种特殊的缆绳将距离地面 350 千米、处于静止轨道上的国际空间站和地球连接起来，然后在这条缆绳上安装可在宇宙中来来往往的"电梯"。听起来有些难以置信，仅凭借一根缆绳就能把地球和宇宙连接起来？这必须是一根承重能力非常非常强大的缆绳才能做到。目前，有一种叫作碳纳米管的材料被列为重点研究对象，未来有可能可以作为制造缆绳的材料。一旦太空电梯建成，或许人类不用穿着笨重昂贵的航天服，就可以实现宇宙旅行了哟。

日本参与设计太空电梯

目前，世界上有多个国家在进行太空电梯的相关研究工作，其中日本提出了使用质量轻、韧性好的新材料——碳纳米管。

第 **3** 章

糟糕了，太阳系！

认识一下地球周围有趣的小伙伴们

地球最后的归宿是
被太阳吞噬？

地球在宇宙中的"地址"，简单来说就是"银河系——猎户座，太阳系第五大行星"。嗯，说简单，也还是长长的一串。

那么，我们就先记住它是"太阳系第五大行星"吧。太阳系是指以太阳为中心的天体系统。太阳系中太阳以外的天体都以太阳为中心，绕着太阳公转。

太阳诞生于距今约 46 亿年前，是地球的同龄人。虽然年龄相仿，但是太阳和地球的体积却相差很大。太阳的直径大约是地球的 109 倍。如果把地球塞进太阳的肚子里，那么里面可以满满当当塞下 130 万个地球。正因为太阳持续不断地输出能量，人类和其他生物才能繁衍生息。

但是，如果哪一天地球消失了，那也一定跟太阳有关。再过大约 50 亿年，太阳会膨胀到现在的 200 倍那么大，到时候，地球就会被太阳吞噬，听起来简直太可怕了。

太阳系行星体积排行榜

按照体积由大到小排列，冠军是木星！第二名是土星，第三名是天王星，第四名是海王星，第五名是地球，第六名是金星，第七名是火星，第八名是水星。水星的直径大约是地球直径的2/5。

究竟是怎么回事？！
太阳并没有燃烧

阳是一个持续发热的天体，就好像一个"能量块"一样，我们把这种由炽热气体组成、能自己发光的球状或类球状天体叫作恒星。

太阳的表面温度高达 6 000 ℃左右，中心温度更是达到了惊人的 1 500 万℃！当温度达到约 1 500 ℃时，铁就会熔化成铁水，这样想来，太阳的温度真是太高了！看到这里，也许会有人想"哇！太阳是一直在燃烧呢！"其实并非如此。事实上，太阳并没有在燃烧。因为物体燃烧需要氧气，而太阳的表面由于温度过高，几乎没有氧气存在。那么，太阳又为什么这么热呢？

太阳是由一种叫作"氢"的物质构成的，在它的中心，会产生氢引发的"核融合反应"。简单来讲，就是好像氢弹爆炸一样的反应。爆炸产生的能量就是太阳热量的来源。

来自太阳的"二十亿分之一"的礼物

抵达地球的太阳能量约为太阳全部能量的二十亿分之一。受到大气和云层的影响，最终抵达地表的能量还要再减半。

但是，对于地球上的生物来讲，这样的能量刚刚好。

看不见的才更好奇！
月球背面的重重谜团

从远古时代开始，人们就常常仰望夜空中的月亮。所以，和太阳一样，月亮也是人们最熟悉的天体之一。我们把像月亮这样围绕行星运动的天体叫作卫星。月球是地球的卫星，每绕地球一周的时间约为 27.3 天。

看似熟悉的月亮，其实直到现在，我们在地球上能看到的也只是它的正面，没有办法对月球的背面进行观察。"是因为月球不自转，所以我们看不到它的背面吗？"并不是！月球在围绕地球公转的同时也在进行自转，正因为如此，我们在地球上看到的，总是月球的同一面。

人类天生就有着旺盛的好奇心，越是看不到的东西，越想要看个究竟。近些年，日本发射的"月亮女神"月球探测器拍摄到了月球背面的清晰影像资料。中国制造的"嫦娥四号"月球探测器更是创造了历史，实现了国际首次在月球背面的成功着陆。今后，关于月球背面的勘察技术一定会更加突飞猛进吧！

能在月球表面开奥运会吗？

月球表面的重力大约是地球的1/6，而且没有空气阻力。所以理论上讲，在地球上能跳1米远的人，到了月球上能轻松跳出6米远。所以，如果奥运会选在月球上召开，一定可以创造很多了不起的世界纪录！

忍着疼尽力了！
月球的诞生要归功于地球？

现在，地球和月球之间的距离约为38.4万千米，但是据说在很久很久以前，它们之间的距离仅有2万千米。这样说来，那时候在地球上看到的月亮，应该比现在大得多吧。之后经过了漫长的岁月，地球和月球之间相互牵引的力逐渐稳定下来，就形成了现在的位置关系。

那么，月球是如何产生的呢？关于月球的诞生，存在着诸多不同的说法，目前还没有定论，但是其中比较受到大家认可的说法是"撞击说"。

在距今约45亿年前，地球刚刚诞生不久的某一天，有一个大小和火星相仿的天体"砰"的一声和地球发生了撞击，地球表面的岩石也随之在宇宙空间中飞散开来，这些来自地球的碎片和原本的天体残骸形成一个像火星的行星光环一样的东西，逐渐聚集在地球周围，不断黏合在一起，这就是"婴儿时期的月球"。虽然对地球来讲，这曾经是一场"惨剧"，但是也正是拜这次撞击所赐，才有了月球的诞生。

月亮上的阴影是兔子，是狗，还是鳄鱼？

在中国，流传着一个关于月球上阴影的美丽传说——"玉兔捣药"；到了蒙古国，"玉兔"就变成了"小狗"；在欧洲南部，人们认为那是"螃蟹"；而在南美洲，人们又认为那是"鳄鱼"。面对同一个月亮，大家的想象都各不相同呢！

拉住地球的靠谱伙伴

幸好有月球在

地球遭到其他天体的撞击，才有了月球的诞生。而恰恰是拜月球所赐，我们才能在地球上生生不息，繁衍至今。月球的引力会引发地球上的潮涨潮落。月球又像一面巨大的镜子，把太阳发出的光反射到地球上，让地球上的夜晚不再是漆黑一片。

也正是因为月球引力的存在，地球才会以一个倾斜的角度稳稳地存在于宇宙当中，创造出适合生物生存的丰沛环境。地球和月球正是依靠互相吸引维持了各自的稳定。就好像一场势均力敌的拔河比赛一样，一旦有一方松手，另一方就会向后倒下去，甚至会因此受伤。

如果没有月球，地球上的 1 天就不再是 24 小时，而是 8 小时了！想想转得飞快的地球，不仅有狂风巨浪，还会偏离自转的轴心，南极变成荒漠，沙漠里下起大雪，一切都会乱成一团。

不远不近刚刚好！

月球的引力会引发潮汐现象。如果月球距离地球太近，引力会大大增强，就会引发海平面上升，美国、日本等许多国家都会沉入海底。

昼热夜寒
有颗行星竟然长着酒窝！

水星是距离太阳最近的行星，它的直径大约是地球直径的 2/5，质量大约是地球的 1/20，是一颗十分娇小可爱的行星。但是，水星上的环境可一点都不可爱，而是非常的严苛！由于距离太阳很近，所以在水星上接收到的来自太阳的光和热都要远远多于地球。究竟有多少呢？在太阳光直射的白天，水星表面最高可以达到 440 ℃，而到了没有太阳光照射的夜晚，温度又会降至 –160 ℃！一天内的温差高达 600 ℃！

之所以会存在如此巨大的温差，原因就在于水星表面没有大气存在。大气能够将温度保持在一个相对恒定的范围内，所以，一颗星球的表面有没有大气，环境会有天壤之别。我们生活的地球就是因为有了大气层的保护，才能够保持相对恒定舒适的温度。

水星的另一个特点就是表面有非常多的环形山（地表上的大坑，像一个个酒窝）。这些环形山都是很久很久以前，水星遭到其他天体的撞击而形成的。目前，科学家们已经确认，在水星的表面，存在着无数大大小小的环形山。

水星上并没有发现水，而是发现了冰！

2011年，美国发射的信使号水星探测器在水星的北极发现了冰。虽然水星距离太阳很近，表面温度很高，但是在阳光照射不到的地方，有冰存在。

"太阳系第一美人"
哪颗行星跟地球一模一样？

我们是姊妹星

由于大小和质量差不多，地球和金星被称作"姊妹星"。在黎明时分，我们能看到明亮的金星，也正是由于它的美丽，在欧洲，人们给它取名"维纳斯"（罗马神话爱和美的女神）。

和地球极其相似、既明亮又美丽的星球……那是不是也存在着帅哥美女云集的金星人呢？非常遗憾，这样的期待怕是要落空了。从美国的"麦哲伦号"金星探测器反馈的情况来看，金星上的云，成分都是浓硫酸（人一旦接触就会导致严重烧伤），表面温度高达约 480 ℃，简直就是地狱一般的环境。

明明看起来跟地球很相似，为什么金星会成为"死亡行星"呢？在很久很久以前，金星也和地球一样，被含有二氧化碳的大气所包围，但是由于金星距离太阳很近，温度过高，保护它的大气层就逐渐消失不见了。

自古以来就大受欢迎的"美人星"

金星在希腊语中叫作"阿芙洛狄忒"，这是象征爱与美的女神的名字。在中国古代，人们将金星称为"太白星"，民间也流传着众多关于金星的神话传说。

77

或许有生命存在
哪颗行星上有四季？

现在，科学家们提出了新的观点，认为火星上曾经有生物存在。为什么这么说呢？这是因为，火星的体积约为地球的 15%，质量约为地球的 11%，表面存在微薄的大气，自转周期为 24 时 37 分，和地球的自转周期大致相同。

此外，和地球一样，火星的自转轴也是倾斜的，因此在火星上也存在四季（春夏秋冬）的更迭。研究发现，火星上有以冰的形态存在的水。最近的研究甚至发现，在火星表面存在着液态的水，而水是生命之源。既然火星有这么多和地球相似的特点，那么在火星上，是不是有可能存在着生命呢？

遗憾的是，迄今为止，我们还没有找到具体的证据能够证明火星上有生物存在。火星的表面温度在赤道上白昼最高，可达 28 ℃，夜间降至 −132 ℃。虽然环境比较残酷，但是依然有大量科学家认为火星上可能有生物生存。

已经成功登月的人类，下一个目标是火星？

成功将人类送达月球的美国等国，目前正在实施载人火星探测计划，尝试将人类送往火星。但是，根据目前人类所掌握的技术水平，想要登陆火星，还有很长的路要走。

它有一颗很吸引眼球的卫星

谁是太阳系第一大行星？

木星是太阳系中最大的行星。木星绝大部分由氢和氦构成，因此也被称作"气体行星"。木星的体积大约是地球的 11 倍，质量大约是地球的 318 倍，木星的引力比地球强 2.5 倍。由于具有如此大的引力，因此木星的天然卫星数量多达 79 颗。相比之下，地球只有 1 颗卫星，就是我们熟悉的月球。

在木星为数众多的卫星当中，有一颗最受宇宙科学家们的关注，它就是欧罗巴卫星（即木卫二）。这是因为，科学家们猜测，在这颗卫星上，可能有生命存在。欧罗巴是一颗表面被冰层所覆盖的天体，冰层的下面是海洋。既然有海，会不会有海洋生物存在呢？科学家们做出了这样大胆的猜测。最近一段时间，人们甚至在尝试发射探测器到那里。看到自己的卫星受到这样的青睐，木星会不会心里不是滋味呢？放心好啦！木星的心胸很宽广，才不会介意呢。

木星上的暴风骤雨超可怕！

木星上的暴风骤雨可比地球上迅猛多了！在木星上，风速可以达到每秒 180 米，比地球上的龙卷风还要猛烈。在木星上，雷电释放出的能量也是地球的 500 倍以上。而且，日前的研究已经证实，这样的暴风骤雨会在木星上长时间持续发生。

和木星一样巨大

长耳朵的行星你听说过吗?

土星和木星一样，也是体积巨大的气体行星，土星最著名的就是它的土星环。最先观测到土星环的，是意大利的天文学家、物理学家伽利略。当时，仅凭借望远镜无法清晰地观测到土星环，因此，伽利略在观察笔记中写道："土星长着耳朵。"直到1977年，"旅行者1号"探测器成功发射，才得以确认，伽利略当年看到的"耳朵"其实是冰和岩石碎粒。

　　和木星一样，土星也有着数量庞大的天然卫星，目前已确认的有62颗。土星也有令人瞩目的卫星——土卫二和土卫六。其中土卫六具有以氮为主要成分的浓厚大气层，虽然没有水，但是有以液体形式存在的甲烷和乙烷。这样的环境与远古时代的地球十分相似，因此目前有计划利用探测器登陆土卫六。你认为土星的这些卫星会期待人类来登陆考察吗？

土卫二上面也有生命？！

　　土星还有一颗引人注目的卫星——土卫二。科学家们在土卫二上发现了像喷泉一样的水柱，因此了解到土卫二上面有着宽阔的海洋。如果这里有生命存在就太好了！

一个白天42年，一个夜晚也是42年！
哪颗行星骨碌碌地滚来滚去？

目前，我们对天王星的了解还不够多。天王星距离地球很远，所以想要发射探测器到那里很不容易，迄今为止，只有美国的探测器"旅行者 2 号"曾经接近过天王星。

即便如此，我们还是已经了解到，天王星有着相对于公转面倾斜约 98° 的自转轴。换句话说，天王星是一颗几乎"躺着转"的行星。有一种说法认为，它是曾经与其他天体发生撞击后被"撞倒"的。听到这个说法，莫名觉得天王星有点儿可怜！

即便如此，天王星依然精神满满地骨碌碌绕着太阳公转，每公转一周的时间约为 84 年。由于它是"躺着"的，所以公转时昼夜各占一半，你能想象连续 42 年都是白天的世界会是什么样吗？

对于天王星的邻居海王星，我们目前也知之甚少，因为它是太阳系的八大行星当中距离太阳最远的一颗。因为距离遥远，所以知之甚少……这种说法听起来似乎也有点儿可怜呢。

被开除的冥王星

太阳系原本有九大行星。2006 年，冥王星被"开除"出了行星的行列，它的身份变成了"矮行星"。这是由于被发现的跟冥王星类似的天体不断增多，所以就不再将它作为行星定义了。

关于太阳系的推理

神秘的"9号行星"

2016 年，美国加州理工学院研究团队提出了一种猜想——虽然目前还没有具体的发现，但是在比海王星还远的宇宙当中，应该还存在绕着太阳公转的行星。我们暂且将其称为"谜之行星"。

虽然目前还没有发现它的踪影，但是科学家们已经给它取好了名字，叫作"9号行星"。经过对太阳系天体间存在的引力进行计算，科学家们得出了"应该存在这样一颗行星"的推测。虽然还没有看到，但是借助测算，科学家们猜想出了它的存在。

通过计算，科学家们推测出了这颗神秘行星大概的样子——体积为地球的2~4倍，质量为地球的5~10倍，地球围绕太阳公转的周期是1年，而这颗神秘的"9号行星"围绕太阳公转的周期是……1万年以上！

如果能够真正发现这颗行星，那么这个发现足以震惊全世界，发现者也会在科学史上留下自己的名字！因此，全世界的天文学家都在努力寻找这颗行星。

太阳系的外围是"彗星的故乡"！

在海王星轨道的外侧，有一个被称为"柯伊伯带"的区域。这里汇聚了大大小小超过35 000颗天体，被称作"彗星的故乡"。

第 4 章

宇宙实在太有趣了

无穷宇宙，魅力无穷

去了就能变成富豪的
钻石星球

提到稀有、昂贵又光芒四射的宝石，那一定非钻石莫属！你相信吗？居然有一颗行星是由钻石组成的！这颗行星的名字叫作"巨蟹座55e"，它的半径约为地球的2倍，质量约为地球的8倍，是一颗巨大的地球型行星。

巨蟹座55e的表面覆盖着石墨。科学家们认为，在它的里面，存在一个钻石层。据说钻石储量可能相当于地球储量的3倍，价值约为3 540 000亿元！是不是一笔很惊人的财富？咱们赶紧去开采吧……

其实哪有那么容易！巨蟹座55e距离地球有40光年，表面温度超过1 700 ℃。想要顺利抵达那里都很困难，更别提开采了。

在能见度好的时候，我们可以在巨蟹座的方向用肉眼看到这颗钻石星球——巨蟹座55e。但是对于上面价值惊人的钻石，就只能想想了。

还有红宝石云和蓝宝石云

在比巨蟹座55e行星还要遥远、距离地球1 040光年的地方，有一颗巨大的气体行星"HAT-P-7b"。科学家们猜测，在那里可能有亮闪闪的红宝石云和蓝宝石云。宇宙中真是到处都藏着暴富的机会呢！

这才不是个悲剧呢!

甜蜜的牛郎星和织女星

你们听说过关于七夕的传说吗？天上的仙女织女爱上勤劳朴实的小伙子牛郎，两个人结婚后，过上了男耕女织的生活。因违反天条，工母娘娘把两个人生生分开，只允许牛郎、织女每年的农历七月初七（七夕节）在鹊桥上相会一次。

牛郎星和织女星，都是宇宙中真实存在的。牛郎星的学名叫作"天鹰座 α 星"，织女星的学名叫作"天琴座 α 星"，它们之间的距离约为 16.4 光年。看到这里，你会不会产生这样的想法：用光的速度还要飞 16.4 年，这根本不可能每年见上一面嘛！不用担心，王母娘娘一定有办法让他们见面。

还有人做过更有意思的计算，假设两颗星的寿命都是 80 亿年，那么一生中见面的机会就有 80 亿次。假设一个人的寿命是 80 岁，那么就相当于在这 80 年里，每年要见面 1 亿次，也就相当于每天要见约 273 973 次，每小时要见约 11 416 次！这样算来，这对夫妻还真是恩爱得不得了呢！

七夕节下的雨是眼泪

在中国和日本，人们都管七夕节下的雨叫作"催泪雨"。据说这是牛郎和织女见面时流下的眼泪。

你能看到吗?!
宇宙第一罕见事件

"**超**新星爆发"是指某些较重（质量较大）的恒星在演化的最后阶段所引发的大爆炸。在爆炸中能够观测到的、极其明亮的物质，我们把它叫作"超新星"。因为从地球上看，就好像诞生了一颗新星一样。实际上，这是一些较重（质量较大）的恒星在生命的尾声发生的爆炸，我们一生都未必有机会遇到一次这样激烈而又罕见的事件。

但是，在日本，早在平安时代，就有人曾经三次在日记中记录下这样的事件。这个人名叫藤原定家，是一位有名的和歌诗人，在他的日记体著作《明月记》当中，记录了疑似超新星爆发的情况。虽然不是他亲眼所见，只是在日记中记录了过去发生的现象，但是这样的记录依然罕见。在望远镜还没诞生的年代，全世界目前发现的关于超新星爆发的记录总共只有7件，其中就有3件出自《明月记》。看来，把各种事情都记在日记里真是很重要啊！

最近会有大事发生？!

有科学家推测，猎户座 α 星有可能在近期发生超新星爆发，而后逐渐消减灭亡。虽然这次爆发对地球并没有什么影响，但是猎户座的形态会因此而遭到破坏，听起来还是觉得有些遗憾呢。

令人战战兢兢的"宇宙烹饪"！

这就是黑洞的制作方法

烹饪黑洞

首先，把地球团成高尔夫球大小。

揉啊揉

比太阳大几十倍甚至上百倍的星球消亡时，无法再支撑自身的质量，就会朝着宇宙的中心掉落下去。这样，宇宙中心就吸收了越来越多的物质，重力也变得越来越大，可以把任何物质都吸进去，甚至连光都会被吞噬，只留下一片黑暗，这就是我们通常说到的黑洞。如果有一天地球直径变成 2 厘米，也就是高尔夫球直径的一半那么大，或许也会形成一个黑洞。

人如果掉进黑洞里，会发生什么事情呢？目前科学家们正在进行各种各样的研究，提出了各种假说，但是还没有一个准确的结论。

有的科学家认为"身体会分解成肉眼看不见的细小颗粒"，有的科学家认为"会分裂为两个人"，等等，众说纷纭。此外，靠近黑洞的地方，时间会变得很慢，所以也有科学家猜测"即将被吸入黑洞的人看外面的世界，会觉得景色像是按下了快进键一样"。但是，这些都还只是猜测，真相至今仍是一个谜。

世界上首次成功拍摄黑洞

2019年，人类首次直接拍摄到了黑洞。这一次拍摄到的是位于室女座巨椭圆星系M87的黑洞，距离地球约5 500万光年。

"章鱼烧""蜊仔""一寸法师"
小行星的名字千奇百怪

发现小行星的人拥有为这颗小行星命名的权利。在规定允许的范围内，起什么样的名字都可以，所以，很多小行星的名字都很有意思。

举个例子，在火星和木星之间，有一颗叫作"章鱼烧"的小行星。它的名字是从征集到的名字当中，由孩子们选出的最受欢迎的一个。还有一颗叫作"蜊仔"的小行星，名字的由来也是这样的。

还有很多有着有趣名字的小行星。例如"座席童子""一寸法师""假面骑士""龙猫"等。有些小行星是以艺人的名字命名的，还有一些以地名命名，例如"埼玉""日光""热海"等。或许以后去太空旅行的时候，我们可以说"我们去热海那边逛逛吧"。

你的名字也可以在宇宙中飞来飞去！

新的彗星会自动以发现者的名字命名。如果有几个人都发现了同一颗彗星，那么就会按照发现时间的早晚，取前三位发现者的名字来命名。想到和自己同名的彗星在宇宙中飞来飞去，会不会有点小激动呢？

有多少星球上住着外星人
算一算就知道了!

我们几乎每个人大概都思考过一个问题，那就是——世界上真的有外星人吗？一位叫作弗兰克·德雷克的天文学家创造了一个公式，据说可以用来计算"目前银河系当中存在智慧生命体的星球数量"。所谓智慧生命体，指的就是像地球人一样具有文明的生物。德雷克创造的公式是这样的：

$$N = R^* \times F_p \times N_e \times F_l \times F_i \times F_c \times L$$

是不是根本看不懂？总之呢，很多人试着用这个公式进行了计算，得到的结果五花八门——有人算出的结果是 0，也有人算出的结果是 100 万。所以，关于外星人是否存在，目前还是一个谜。

• •

德雷克公式仅针对的是地球所处的银河系内的情况。据说，在宇宙中，还存在 2 万亿个以上像银河系这样的星系。有数量如此庞大的星系，应该会有外星人存在吧？

遇见外星人，也可以求助消防员！

在美国，一部分消防员的工作手册当中介绍了遇到外星人时的处理方式。"不许让对方看到武器，否则会被视为敌人。"有了消防员的保护，遇到外星人我们也不用怕啦！

每天2万亿个！数不胜数！
那些对着流星许下的愿望

英仙座流星群	7月17日~8月24日
双子座流星群	12月4日~12月17日
象限仪座流星群	12月28日~次年1月12日

看到流星划过天际，在流星消失前，心中默念三遍自己的愿望，愿望就会实现……你一定也听说过这个浪漫的说法吧？实际上，流星是宁宙中的尘埃，也就是宇宙中的垃圾。飘浮在宇宙中的尘埃和小碎片在地球引力的作用下进入大气层，与大气发生激烈的摩擦，发生燃烧，就形成了我们所看到的景象——一道星光坠向地面。

流星在被发现之后很快就会燃烧殆尽，因此，想要迅速许愿三次也不是件容易事。实际上，如果算上用肉眼无法看到的流星，以及出现在白天没有被我们发现的流星，每天坠落在地球上的流星多达 2 万亿个！数量惊人！所以，随便什么时候面向天空双手合十许愿，都有可能会梦想成真哟！

看到大量流星的机会

每年在固定的时间段能够看到的大量流星被称作"流星群"。其中有三个流星群尤其有名。这三个流星群都是因为每年能观测到大量流星而被大家所熟知的。

可能撞击地球的小行星
居然超过2 000颗!

2013 年，俄罗斯的车里雅宾斯克州发生了陨石坠落事件，巨大的冲击波造成了超过 1 000 余人受伤。或许正在读这本书的你，也曾经看过当时的现场录像：密密麻麻的陨石闪着耀眼的光芒划过天空，如雨点般砸向地面，同时伴有巨大的爆炸声。那次事件是由一颗直径约 15 米的陨石坠落而引发的，所幸陨石在空中已经解体，否则将会造成更大的灾难。

实际上，宇宙中有约 8 500 颗小行星的运行轨道接近地球，需要对其行踪进行监视。其中，撞击地球的可能性较大、一旦发生撞击，会对地球造成严重影响的"潜在威胁小行星"大约超过 2 000 颗。据说，还可能有尚未发现的潜在威胁。听起来是不是有点儿可怕？

但是不用太过担心，从目前的情况看，在未来 100 年的时间里，这些小行星都不会给地球造成威胁，我们大可以安心地生活。但是即便如此，它们也有可能突然改变运行轨迹，或者出现新发现的小行星，所以还是要严密监视，不能掉以轻心。

汇聚科学的力量，避免天体撞击！

巨大的陨石一旦撞击地球，可能会导致人类的灭绝。所以需要集合全世界的力量一起避免这样的危机。目前科学家们提出的办法是利用人造卫星撞击可能对地球造成威胁的天体，以改变其运行轨道，但是这个方案尚在研究阶段，还不够完备。

宇宙中最大的恒星是……
搞不清它的尺寸!

目前人类所观测到的已知体积最大的恒星之一是一颗叫作"盾牌座 UY"的恒星。它究竟有多大呢？因为它太大了，所以科学家们暂时也还说不清它的准确大小……总之，它很大，很大，非常大！

如果用我们日常能够理解的认知去解释它的大小，那么我们可以说，它的体积大约是地球的近 2×10^{16}（2 亿亿）倍，把它跟太阳做个比较的话，它的直径大约是太阳直径的 1 700 倍，它的亮度是太阳的 34 万倍。既然它这么明亮，我们在地面上是不是可以看到它呢？其实是看不到的。因为它距离地球有 9 500 光年那么远，用我们的肉眼无法看到来自那么遥远的地方的星光。

虽然到目前为止，盾牌座 UY 是我们所观测到的体积最大的恒星之一，但是或许在未来的某一天，人类会观测到体积更大的恒星来取代它的位置。

即使不是第一名，也还是超级大

一直到几年前，大犬座VY特超巨星还稳坐宇宙中最大恒星的第一把交椅，但现在，它已经被挤出前5名了。如果说我们居住的地球有圆珠笔尖上的钢珠那么大的话，那么大犬座VY特超巨星堪比200多米高的高楼。

增加太多，陷入混乱
究竟有多少个星座？

你 一定对星座不陌生吧？无论是平时仰望夜空观察星座，还是用它来识别方向，在我们的日常生活中，有很多地方用到了星座。人们是从什么时候开始创造出了"星座"这个概念呢？传说是在距今数千年前，美索不达米亚平原最早出现了"星座"的概念，随后传到了埃及和希腊。

希腊的科学家和哲学家从希腊神话当中寻找线索，发现在公元 2 世纪的时候，天文学家克罗狄斯·托勒玫编制了北半球的 48 个星座。这 48 个星座被称为"托勒玫星座"，沿用了 1 500 余年。15 世纪以后，随着新航路的开辟，又陆续加入从南半球观测到的星座。发现新星座成了当时天文学家中的时尚。据说当时的新星座层出不穷，甚至到了难以统计的地步。最终，在 1928 年，全世界的天文学家达成了共识，由国际天文学联合会正式确定了 88 个全世界共用的星座。这就是我们今天所认识的星座。

大锅形状的望远镜最好用？

用于天文研究的望远镜不是通过"放大"来进行观测，而是通过聚集遥远天体的光线进行观测的。用来聚集光线的是凹面镜，外形看起来像大锅，可以将天体发出的微弱的光聚集起来。

未成年人禁止接近？
象征着爱与欢乐的成年人专属彗星

我们把主要由冰物质构成，在太阳系的内侧一边释放气体和尘埃，一边围绕太阳公转的小型天体叫作彗星。2011 年，科学家发现了一颗释放乙醇（也就是酒的主要成分）的彗星。这颗彗星被命名为"Lovejoy 彗星（洛夫乔伊彗星）"。那么，它究竟向宇宙空间当中释放了多少酒呢？量大的时候，它每秒释放的物质里面的乙醇量可以装满 500 个葡萄酒瓶！是不是很惊人？

2015 年，这颗彗星接近地球时，我们可以用肉眼观测到它。之后，它离地球越来越远，下一次接近地球，要等到 8 000 年以后了。我们这一代人没有机会再一睹其芳容了。

这颗彗星是以它的发现者澳大利亚业余天文学家 Lovejoy（洛夫乔伊）的名字命名的，但是无论名字中的"Love（爱）"还是"joy（欢乐）"，都很符合喝酒时的氛围，所以这个名字真的很适合它呢！宇宙中还有以别的国家的人名命名的彗星。

拖着长尾巴的彗星曾被叫作"扫帚星"

在古时候的人们看来，夜空中突然出现带着长长尾巴的彗星，预示着将有不吉利的事情发生。所以，古时候的人们曾经把彗星叫作"扫帚星"。

外星人的探测器？

奥陌陌小行星之谜

2017 年，曾经有一个长度 400 米左右的细长天体经过太阳附近。有人猜测，这个被科学家们命名为"奥陌陌（Oumuamua）"的天体，有可能是外星人的侦察机。

如果是小行星，应该来自火星和木星之间的小行星带；如果是彗星，应该来自位于太阳系边缘的柯伊伯带。可是，奥陌陌却来自太阳系之外，并且它先是接近了太阳，然后又加速离开了。用太阳的重力无法解释这种加速，并且也没有看到它喷出气体之类的物质，完全是一种无法用科学解释的加速……基于上述报告，有人提出，奥陌陌有可能是外星人的侦察机。那么，事实果真如此吗？

根据对观测数据进行分析得到的结果，奥陌陌其实是一颗小行星。它的加速也最终被证实是一种自然现象。"奥陌陌"在夏威夷语中是"初次来访的使者"的意思。其实，对于外星人的来访，我们还是挺期待的呢。

度假胜地夏威夷，其实还是天体观测的绝佳地点

在美国夏威夷群岛上的莫纳克亚山天文台，聚集着世界各国的天文望远镜，是天体观测的绝佳地点。日本斯巴鲁天文望远镜也安装在这里。这里晴朗的日子较多，周围没有其他光源，非常适合进行天体观测。

按照地球的样子改造起来！

外星移民计划！

目前，地球上食物短缺和温室效应日趋严重，环境污染也成了大问题。这样下去，恐怕在未来的某一天，地球将不再适合人类居住了。所以，人们也在积极探索移民到其他星球的可能性。这可是一个了不起的大计划！

迄今为止，人类还没有发现其他像地球一样适合人类生存的星球，所以这个计划实施起来并不容易。那么，把那些不太适合人类居住的星球按照地球的样子加以改造，问题是不是就可以解决了呢？这就是"行星地球化计划"。

这个计划听起来容易，实施起来可并不简单。以金星为例，如果不能解决金星表面温度过高，甚至超过480 ℃的问题，一切就都无从谈起。据说，目前想到的解决方案是"在宇宙中撑起一把巨型太阳伞挡住太阳光"，感觉距离真正实现还有很漫长的路要走呢！

或许可以搬家去月球

月球距离地球最近，搬家去那里似乎比去其他星球容易得多？虽然月球表面没有大气，环境严苛，但是月球的地下有巨大的空洞。人们正在考虑能否利用这个空洞建造供人类居住的建筑物。

既不可思议又有趣的行星

我们的地球是奇迹之星

在宇宙中，有许许多多有趣和令人惊叹的事情。但是，其中最不可思议的、最有趣的，就是我们生活在地球上这件事。直到现在，科学家们还没有发现除地球以外的其他行星上面有生命存在。地球是存在生命的、创造了无数奇迹的星球。

比如说，地球和太阳之间保持了绝佳的距离，再近一点儿，地表就会太热；再远一点儿，又会造成极寒天气，无法孕育生命。

还有一个奇迹，就是在地球的外侧公转的木星。在太阳系当中，为数众多的小行星飞来飞去，正因为有着像木星这样拥有巨大重力的大型行星的牵引，这些小行星才不会与地球相撞。月球的存在也是奇迹之一（详见第 73 页）。如果没有月球，地球的自转速度就会变快，恐怕也就没有生命能在地球上存在下去了。

众多的奇迹共同孕育出了地球——我们世世代代生活的美丽家园。

寻找具有生命之源——水的行星

行星上想要拥有生命之源——水，首先必须与位于中心位置的恒星保持适当的距离。这个距离区间被称作"空旷地带"。寻找具有空旷地带的行星，是探索地球外生命的第一步。

宇航员

怎么办

如何便便

宇宙术语 & 宇宙日历

宇宙术语

启明星：指的是从拂晓前就能观测到的、在东方天空闪闪发亮的金星。

天河：一般指横跨星空的一条乳白色亮带，即银河。银河是银河系的一部分。从地球上能够观测到银河。

陨石：大质量流星体在穿过地球大气层后未被完全烧毁，最终掉落在地球上的残骸。其中绝大部分是小行星的碎片。

卫星：围绕行星运动的天然天体。月球是地球的卫星。人工制造的这种天体叫作人造卫星。

核融合：是指原子核结合在一起，形成更大更重的原子核。此时会产生巨大的能量。

轨道：天体围绕行星或恒星运转时所遵循的轨迹。

本星系群：由银河系及其附近几十个大小不等星系所构成的、尺度相对较小的不规则星系团。

银河系：由恒星、恒星集团、星际物质以及暗物质聚集而成的巨大的天体。宇宙中存在大量这样的天体，银河系也是其中之一。

环形山：大部分环形山是由于陨石撞击所造成的凹陷所构成的地形。小部分环形山由火山爆发而成。

原子：构成物质的基本粒子。也是化学反应不可再分的最小微粒。原子的中心有原子核。

恒星：内部由于核融合产生能量，能够自己发光、发热的天体。距离地球最近的恒星是太阳。

公转：天体围绕天体系统的主体进行周期性的运动就叫作公转。地球围绕着太阳公转。

公转周期：公转一周所需要的时间。地球的公转周期是1年，也就是365.2564天。

质量：指的是物体所含物质多少的量。与重量不同，同一个物体的质量在任何地方都是不变的，无论在地球上，还是在宇宙中。质量的单位是千克、克等。

自转：指的是天体或天体系统以自己的轴为中心的整体旋转。地球自西向东自转。

重力：指的是任何天体使物体向该天体表面降落的力。地球上的物体会受到地球重力的吸引而下落。

矮行星:体积介于行星和小行星之间，围绕恒星运转。冥王星就从行星变成了矮行星。

小行星:沿椭圆轨道绕太阳运行，并且没有被划入行星、矮行星行列的其他小型天体。

彗星:由彗核、彗发和彗尾组成，一边围绕太阳运行，一边释放气体和尘埃的天体。彗核由岩石、尘埃和冰冻的气体组成。

星云:在星际物质密度较高的地方所形成的云雾状天体。包括不发光的暗黑星云、反射光的散光星云等。

红巨星:进入终末期(老年期)的恒星。会膨胀得很大很大，表面温度较低，肉眼看上去是红色的。

太阳:太阳系的中心天体。距地球最近的一颗恒星。表面温度约 6 000 ℃，内核温度高达1 500万℃。

太阳系:太阳和以太阳为中心、受它的引力支配而环绕它运动的天体所构成的系统。地球是太阳系的第五大行星。

地轴:是指地球自转所绕的轴，它是人们假想出来的，其北端与地表的交点是北极，南端与地表的交点是南极。

月海：从地球上能看到的，月面上黑色的平坦区域。实际上这里并没有水，而是平原，只因为看上去比高地暗。

天体：宇宙中各种物质实体的统称。包括星系、星云、恒星、行星、卫星、小行星、彗星、流星体系。

星等：表示天体相对亮度强弱的等级。数值越小，表示天体越明亮。在地球上已经观测到的等级叫作目视星等。

膨胀：是指变得越来越大。宇宙自诞生以来，一直在持续加速膨胀。

无重力状态：是指没有重力的状态。由于不存在重力不发挥作用的空间，所以严格来讲，应该叫作"无重量状态"。

长庚星：天色渐暗（黄昏）时出现于西方天空的明亮的星，指的是金星。

流星：流星体闯入地球大气层时，与大气摩擦、燃烧面产生的光迹。

行星：指环绕太阳运行、质量足够大、呈球形或近似球形，并能通过引力清空轨道附近碎物的天体。本身一般不发光，以表面反射太阳光而发亮。

宇宙日历

宇宙诞生于约138亿年前……猛然听到这样的说法，大概没什么具体的概念。那么我们就用一年作为时间轴，来看看宇宙的发展史吧。

假如把宇宙诞生的那一天作为元旦

地球诞生在夏末时节

1月1日（元旦）	2月15日	8月30日	9月18日
大爆炸 宇宙的诞生	银河系诞生	地球诞生	地球上最初的生命诞生
约138亿年前	约125亿年前	约46亿年前	约38亿年前

假如将宇宙诞生的时间作为1月1日0时0分，将宇宙迄今为止的历史放在一年的时间长度里加以标记。

恐龙诞生在圣诞节

人类的历史只在一瞬间

人类的历史只在一瞬间

10月20日	12月25日	12月31日14点28分	12月31日23点59分37秒	12月31日23点59分59秒
光合作用诞生了细菌 地球上的氧含量开始增加	恐龙诞生	人类诞生	人类开始从事农业劳动	人类捕获首张黑洞照片
约27亿年前	约2亿3 000万年前	约700万年前	约1万年前	公元2019年

结语

　　读完这本书，相信你已经了解了许多关于宇宙的知识。同时，你的脑海中是不是也出现了更多关于宇宙的疑问呢？

　　宇宙诞生前，宇宙中究竟存在着什么？不断膨胀的宇宙外面是什么样子的？时间究竟是什么？宇宙中的生物是从哪里来的？生命又是什么？

　　了解一件事情后，又会发现更多还不太了解的事情。好不容易把这些事情都搞清楚了，又有更多不太了解的事情涌现出来。人们面对未知的事物，会本能地希望去了解它们。

　　这就是好奇心。

　　观测天体取得了一系列天文发现，开辟了天文学新时代的天文学家伽利略的研究动力，也来自好奇心，也就是他所说的"想要去了解还不了解的事物""想要解开未解之谜"。

希望读完这本书以后，你也开始对仍存在着许多谜团的宇宙怀有一颗好奇心，如果将来能够解开前人所未知的宇宙秘密，那一定是一件最令人开心的事情。

UCHUHIKOSHI WA DOYATTE UNCHI WO SURUNO?: UCHU ENO KYOMI
GA MUGEN NI HIROGARU ZATSUGAKU50" edited by Kids Trivia Club, illustrated
by Noriko Kato Copyright © Ehono no Mori, 2019

All rights reserved.

First published in Japan by Ehono no Mori, Tokyo

The simplified Chinese translation is published by arrangement with Ehonnomori
Co., Ltd. through Rightol Media in Chengdu.

本书中文简体版权经由锐拓传媒旗下小锐取得（copyright@rightol.com）。

版权所有，翻印必究

著作权备案号：豫著许可备字-2022-A-0002

图书在版编目（CIP）数据

宇航员如何便便：让孩子着迷的50个爆笑宇宙话题 / 日本儿童杂学俱乐部
编；（日）加藤纪子绘；肖潇译. —郑州：河南科学技术出版社，2022.3
ISBN 978-7-5725-0616-1

Ⅰ.①宇… Ⅱ.①日… ②加… ③肖… Ⅲ.①宇宙–儿童读物 Ⅳ.①P159-49

中国版本图书馆CIP数据核字（2021）第241632号

出版发行：河南科学技术出版社
　　　　地址：郑州市郑东新区祥盛街 27 号　　邮编：450016
　　　　电话：（0371）65788890　65788858
　　　　网址：www.hnstp.cn
策划编辑：孙　珺
责任编辑：孙　珺
责任校对：董静云
封面设计：张　伟
责任印制：朱　飞
印　　刷：河南瑞之光印刷股份有限公司
经　　销：全国新华书店
开　　本：890 mm × 1240 mm　1/32　印张：4　字数：160 千字
版　　次：2022 年 3 月第 1 版　　2022 年 3 月第 1 次印刷
定　　价：39.00 元

如发现印、装质量问题，影响阅读，请与出版社联系并调换。